上海市团体标准

浅层地下水环境监测井建设技术标准

Technical standard for construction of shallow groundwater environmental monitoring well

T/SHDZ 001—2023

主编单位:上海市岩土工程检测中心有限公司
上海市环境科学研究院
上海市岩土地质研究院有限公司
批准部门:上海市地质学会
施行日期:2023 年 11 月 1 日

同济大学出版社

2024 上海

图书在版编目(CIP)数据

浅层地下水环境监测井建设技术标准 / 上海市岩土工程检测中心有限公司,上海市环境科学研究院,上海市岩土地质研究院有限公司主编. —上海: 同济大学出版社, 2024.3

ISBN 978-7-5765-1087-4

Ⅰ. ①浅… Ⅱ. ①上… ②上… ③上… Ⅲ. ①浅层地下水－水环境－环境监测－技术标准 Ⅳ. ①X832-65

中国国家版本馆 CIP 数据核字(2024)第 052484 号

浅层地下水环境监测井建设技术标准

上海市岩土工程检测中心有限公司
上海市环境科学研究院　　　　　　　主编
上海市岩土地质研究院有限公司

责任编辑　朱　勇
责任校对　徐春莲
封面设计　陈益平

出版发行　同济大学出版社　　www.tongjipress.com.cn
（地址:上海市四平路 1239 号　邮编: 200092　电话:021－65985622）
经　　销　全国各地新华书店
印　　刷　浦江求真印务有限公司
开　　本　889mm×1194mm　1/32
印　　张　2.5
字　　数　63 000
版　　次　2024 年 3 月第 1 版
印　　次　2024 年 3 月第 1 次印刷
书　　号　ISBN 978-7-5765-1087-4
定　　价　30.00 元

上海市地质学会文件

沪地会标〔2023〕1 号

上海市地质学会
关于发布《浅层地下水环境监测井建设技术标准》
的公告

根据上海市地质学会《关于下达上海市地质学会 2021 年度科研课题立项计划的通知》(沪地会字〔2021〕9 号)的要求,由上海市岩土工程检测中心有限公司、上海市环境科学研究院、上海市岩土地质研究院有限公司等单位编制的《浅层地下水环境监测井建设技术标准》,经学会组织审查,现批准发布,标准编号为 T/SHDZ 001—2023,自 2023 年 11 月 1 日起实施。

上海市地质学会

2023 年 10 月 25 日

前　言

本标准是根据上海市地质学会沪地会字〔2021〕9号文的要求，由上海市岩土工程检测中心有限公司、上海市环境科学研究院和上海市岩土地质研究院有限公司等单位编制完成。

编制组在总结国内外监测井设计、施工的基础上，充分吸收了相关研究成果，参考国家现行标准，围绕浅层地下水环境监测井设计、施工实践过程中遇到的主要技术问题，开展了科学研究与试验验证，在广泛征求有关单位和专家意见的基础上，编制了本标准。本标准填补了上海市浅层地下水环境监测井建设领域技术标准的空白，对规范浅层地下水环境监测井建设，保护浅层地下水环境，具有重要意义。

本标准共分为7章和10个附录，主要内容有：总则、术语、基本规定、监测井结构设计、监测井施工、监测井维护保养、监测井资料档案及附录。

各有关单位和人员在执行本标准过程中，如有意见和建议，请反馈至上海市地质学会（地址：上海市宝山区环镇南路522号地矿大厦B座7楼；邮编：200436；E-mail：shdzxh522@163.com），上海市岩土工程检测中心有限公司（地址：上海市宝山区环镇南路522号B座11楼；邮编：200436；E-mail：hrsgedc@sigee.com.cn），以供今后修订时参考。

主 编 单 位：上海市岩土工程检测中心有限公司
上海市环境科学研究院
上海市岩土地质研究院有限公司

参 编 单 位：上海市地质调查研究院
上海格林曼环境技术有限公司

上海洁壤环保科技有限公司
上海申环环境工程有限公司
上海市政工程设计研究总院(集团)有限公司
上海亚新城市建设有限公司
上海环境保护有限公司
上海勘察设计研究院(集团)有限公司
上海鸿穆环境科技有限公司

主要起草人: 陈　敏　吴建强　韦继雄　吴　烨　张　峰
施　刚　尹炳奎　陈明忠　朱　煜　刘金宝
陈天慧　徐　伟　殷　瑶　张　凡　王　磊
臧学轲　董　君　马雪瑞　郭　琳　罗济稳
孙　寒　周　栋　贾　谊　顾圣隆　张　惠
苏令侃　王　蓉　沈　城　付　朝　张　刚

主要审查人: 严学新　黄沈发　仵彦卿　黄　坚　高世轩
汤　琳　傅旭升

上海市地质学会
2023 年 10 月

目　次

1　总　则 ………………………………………………………… 1
2　术　语 ………………………………………………………… 2
3　基本规定 ……………………………………………………… 4
　3.1　监测井类型 ……………………………………………… 4
　3.2　监测井深度 ……………………………………………… 4
　3.3　基本原则 ………………………………………………… 4
　3.4　基本要求 ………………………………………………… 5
　3.5　工作流程 ………………………………………………… 5
4　监测井结构设计 ……………………………………………… 7
　4.1　一般规定 ………………………………………………… 7
　4.2　井(孔)设计 ……………………………………………… 7
　4.3　建井材料 ………………………………………………… 9
5　监测井施工 …………………………………………………… 12
　5.1　一般规定 ………………………………………………… 12
　5.2　钻探取心 ………………………………………………… 13
　5.3　钻进成孔 ………………………………………………… 13
　5.4　成　井 …………………………………………………… 14
　5.5　洗　井 …………………………………………………… 15
　5.6　抽水试验 ………………………………………………… 15
　5.7　地下水样品采集 ………………………………………… 16
　5.8　二次污染防控 …………………………………………… 17
　5.9　平面坐标及高程测量 …………………………………… 18
　5.10　井口保护 ……………………………………………… 18

6 监测井维护保养 …………………………………………………… 19
6.1 一般规定 ……………………………………………………… 19
6.2 日常运行维护要求 …………………………………………… 19
6.3 监测井状况评估 ……………………………………………… 20
6.4 废弃监测井处置 ……………………………………………… 20
7 监测井资料档案 …………………………………………………… 22
7.1 一般规定 ……………………………………………………… 22
7.2 竣工报告编制 ………………………………………………… 22
7.3 资料归档要求 ………………………………………………… 24
附录 A 上海市浅层地下水水文地质图 ………………………… 25
附录 B 监测井编码规则 ………………………………………… 27
附录 C 典型监测井结构图 ……………………………………… 28
附录 D 监测井施工组织设计文本格式 ………………………… 30
附录 E 常用钻探方法优缺点及适用性比较 …………………… 31
附录 F 监测井建设与施工流程 ………………………………… 32
附录 G 主要施工用表表式 ……………………………………… 33
附录 H 监测井孔口保护与标识 ………………………………… 39
附录 J 监测井日常运行维护记录表 …………………………… 42
附录 K 监测井质量验收报告 …………………………………… 43
本标准用词说明 …………………………………………………… 45
引用标准名录 ……………………………………………………… 46
条文说明 …………………………………………………………… 47

Contents

1 General provisions ······ 1
2 Terms ······ 2
3 Basic regulations ······ 4
3. 1 Monitoring well type ······ 4
3. 2 Monitoring well depth ······ 4
3. 3 Basic principle ······ 4
3. 4 Basic requirements ······ 5
3. 5 Working procedure ······ 5
4 Monitoring well structure design ······ 7
4. 1 General regulations ······ 7
4. 2 Well (hole) design ······ 7
4. 3 Well construction materials ······ 9
5 Monitoring well construction ······ 12
5. 1 General regulations ······ 12
5. 2 Drilling and coring ······ 13
5. 3 Drilling and hole completion ······ 13
5. 4 Well installation ······ 14
5. 5 Well development ······ 15
5. 6 Pumping test ······ 15
5. 7 Groundwater sampling ······ 16
5. 8 Prevention and control of secondary pollution ······ 17
5. 9 Plane coordinate and elevation surveying ······ 18
5. 10 Wellhead protection ······ 18

6 Monitoring well maintenance ………………………… 19
6.1 General regulations ………………………… 19
6.2 Requirements of daily operation and maintenance …… 19
6.3 Monitoring well assessment ………………………… 20
6.4 Well abandonment ………………………… 20
7 Monitoring well data files ………………………… 22
7.1 General regulations ………………………… 22
7.2 Compiling of completion report ………………………… 22
7.3 Requirements for filing ………………………… 24
Appendix A Hydrogeologic map of shallow groundwater of Shanghai ………………………… 25
Appendix B Coding rules of monitoring well ……………… 27
Appendix C Typical structure diagram of monitoring well … 28
Appendix D Text format of monitoring well design ……… 30
Appendix E Table of comparison of advantages, disadvantages and applicability of commonly used drilling methods ………………………… 31
Appendix F Construction process of monitoring well …… 32
Appendix G Format of table of monitoring well construction ………………………… 33
Appendix H Wellhead protection and identification of monitoring well ………………………… 39
Appendix J Table of daily operation and maintenance of monitoring well ………………………… 42
Appendix K Quality acceptance report of monitoring well ………………………… 43
Explanation of wording in this standard ………………… 45
List of quoted standards ………………………… 46
Explanation of provisions ………………………… 47

1 总 则

1.0.1 为了规范和优化浅层地下水环境监测井的设计、施工、运行维护及资料归档等工作，以准确反映地下水环境质量状况和地下水体中污染物的动态特征及分布特征，确保质量和安全，加强浅层地下水环境保护，根据本市浅层地下水水文地质条件的特点，制定本标准。

1.0.2 本标准适用于本市区域环境调查、专项环境调查、重点企业污染排查、土壤污染状况调查等涉及的浅层地下水环境监测井建设的全生命周期，其他地下水环境监测井建设可参考使用。

1.0.3 浅层地下水环境监测井建设应综合考虑水文地质条件、潜在污染物特性、监测目的、监测周期、成本因素和环境保护要求，科学设计，规范施工。

1.0.4 浅层地下水环境监测井建设，除应符合本标准的规定外，还应符合国家、行业和本市现行有关标准的规定。

2 术 语

2.0.1 浅层地下水 shallow groundwater

容易受到人类活动影响的浅部地下水。

注：主要为潜水，含水层底板埋深参考本标准附录A。

2.0.2 地下水环境监测井 groundwater environmental monitoring well

为准确把握地下水环境质量状况和地下水体中污染物的动态特征及分布特征而设立的监测井。

2.0.3 地下水环境长期监测井 permanent groundwater environmental monitoring well

为连续、长期监测地下水环境质量状况和地下水体中污染物的动态特征所设立的监测井。

2.0.4 地下水环境临时监测井 temporary groundwater environmental monitoring well

为临时、短期监测地下水环境质量状况和地下水体中污染物的分布特征所设立的监测井。

2.0.5 丛式监测井 clustered monitoring wells

为监测目标含水层不同深度的地下水污染物分布特征而设立的一组监测井。

2.0.6 单层结构 single layer structure

含水层由单一黏性土组成。

2.0.7 双层结构 double layer structure

含水层由黏性土和砂性土组成。

2.0.8 重质非水相液体 dense non-aqueous phase liquid (DNAPL)

密度大于水且不易溶于水的液体。

2.0.9 轻质非水相液体 light non-aqueous phase liquid (LNAPL)

密度小于水且不易溶于水的液体。

2.0.10 废弃监测井 abandoned monitoring well

因无法继续使用或已完成监测任务不再继续保留的地下水环境监测井。

3 基本规定

3.1 监测井类型

3.1.1 根据监测目的和要求，监测井分为长期监测井和临时监测井。

3.1.2 根据地层结构，监测井分为单层结构监测井和双层结构监测井。

3.2 监测井深度

3.2.1 监测井深度应根据监测目的和实际地层结构确定。

3.2.2 单层结构监测井深度宜为 6 m，双层结构监测井深度宜为 8 m～10 m。

3.2.3 潜在污染物分布区域的监测井，其深度应根据潜在污染物识别结果确定。

3.3 基本原则

3.3.1 针对性原则

应针对场地水文地质条件和潜在污染物特性，开展地下水环境质量状况和地下水体中污染物分布特征调查。

3.3.2 规范性原则

应以系统化、程序化的方式规范监测井建设，保证监测井建设的客观性和科学性。

3.3.3 可行性原则

应综合考虑监测目的、监测周期和成本等因素，保证监测井建设顺利开展。

3.3.4 环境保护原则

监测井在建设、使用和废弃处置过程中应避免对环境造成二次污染。

3.4 基本要求

3.4.1 监测井建设主要包括设计、施工、运行维护和资料归档等工作。

3.4.2 监测井的点位选择应能反映监测区域内的地下水环境质量状况及地下水体中污染物动态分布特征。

3.4.3 长期监测井建设场地应具备监测井长期保存条件，且便于运行维护保养。

3.4.4 监测井设计包括监测目的、监测要求、位置及编码和监测井结构等。

3.4.5 监测井施工包括钻探取心、钻进成孔、成井、洗井、抽水试验和井口保护等。

3.4.6 监测井应进行运行维护以确保其完成监测任务，保证监测质量。

3.4.7 监测井建设完成后，应及时整理竣工资料，形成成果文件。

3.5 工作流程

3.5.1 监测井建设工作流程可分为准备、设计、施工与资料归档四个阶段。

3.5.2 准备阶段应收集场地及邻近地区的水文地质资料，进行现场踏勘，了解现场施工条件、地下障碍物及周边环境情况等。

3.5.3 应在分析利用已有调查资料和现场踏勘的基础上，根据监测目的、监测要求和监测项目，结合建设项目性质、潜在污染物特性等，确定监测井类型，进行监测井设计，并符合本标准第 4 章的规定。

3.5.4 应结合场地条件与潜在污染物特性，有针对性地选择施工工艺，包括钻探取心、成孔与成井、洗井与抽水试验、样品采集等，并符合本标准第 5 章的规定。

3.5.5 监测井建设完成竣工验收后，应及时整理、归档资料。整理、归档应符合本标准第 7 章的规定。

3.5.6 长期监测井应定期进行运行维护。运行维护应符合本标准第 6 章的规定。

4 监测井结构设计

4.1 一般规定

4.1.1 监测井结构设计应在充分收集场地水文地质、环境条件等资料和现场踏勘的基础上，因地制宜、科学设计。

4.1.2 监测井设计应根据监测目的明确监测要求和监测项目，确定监测井类型。

4.1.3 监测井应按单管设计。

4.1.4 监测井不应穿透目的含水层底板。

4.1.5 监测井建设应遵循一井(组)一设计、一井一编码的原则。长期监测井的编码规则可参照本标准附录B执行；临时监测井编码应确保在项目中的唯一性。

4.2 井(孔)设计

4.2.1 监测井孔径应符合下列规定：

1 监测井井身结构宜采用单一孔径。孔径应满足预计出水量选用的滤水管直径和填砾厚度等要求。

2 监测井孔径宜大于滤水管外径 100 mm，长期监测井孔径宜大于 200 mm。

4.2.2 监测井管径应符合下列规定：

1 监测井的管径应满足洗井、监测、维护及水样采集等工作要求。

2 监测井井管内径不宜小于 50 mm，长期监测井内径不宜小于 100 mm。

4.2.3 监测井井深应根据井位所在区域的监测类型和场地、监测目的及其要求，按照井深应大于潜在污染深度的原则，并结合目的含水层的埋深、厚度、水位、富水性、污染物迁移途径和迁移规律、地面扰动深度等因素综合确定。

4.2.4 监测井滤水管设置应符合下列规定：

1 滤水管应置于目的含水层中以取得代表性水样，长度和位置应根据监测目的和要求、所在区域地下水水位历史变化情况、目的含水层厚度等进行设置。

2 陆域滨海平原和湖积平原的大部分地区，岩性为单层结构，目的含水层宜全部设置滤水管；河口砂岛、砂嘴及苏州河以北地区，岩性为双层结构，滤水管位置宜参考区域已知污染物可能达到的最大深度设计。

3 滤水管底端应至地下水水位以下 4 m，且不揭穿隔水层。

4 丰水期宜不少于 1 m 的滤水管位于地下水位以上，地下水位较浅时可适当调整；枯水期宜不少于 1 m 的滤水管位于地下水位以下。

5 若地下水中可能或已经发现存在轻质非水相液体，滤水管上端应高于地下水位；若地下水中可能或已经发现存在重质非水相液体，滤水管应达到含水层底板处，但不应揭穿隔水层。

4.2.5 长期监测井宜设置沉淀管，沉淀管长度根据井深和隔水层厚度综合确定，宜不小于 50 cm，且不揭穿隔水层。

4.2.6 当需确定浅层地下水不同深度水质时，可采用丛式监测井。丛式监测井的设计应符合下列规定：

1 丛式监测井宜在点位附近 2 m 范围内布设，滤水管埋置较深的监测井宜布设于地下水流向的下游。

2 滤水管长度宜为 2 m～4 m，相邻监测井的滤水管位置应连续设置，且不重叠。

3 单个监测井的滤水管宜控制在一个地层范围内，不宜跨越不同地层设置。

4 监测最上部地下水的监测井，应确保滤水管顶端高于地下水面；监测最下部地下水的监测井，滤水管底部应深于潜在污染深度。

4.2.7 监测井的目的含水层与其他含水层之间必须封闭止水。

4.2.8 井管底部应封闭。

4.2.9 监测井结构设计可参照本标准附录C执行。

4.3 建井材料

4.3.1 建井材料应符合国家环境保护要求，不应污染地下水、干扰检测结果。

4.3.2 井管材料应有一定强度、耐腐蚀，根据井深、管径、监测周期和方式、材料强度、地下水的腐蚀性以及材料成本等综合考虑。

4.3.3 井管材质选择可参照表4.3.3。

表4.3.3 监测井井管材质的适用性

井管材质	监测项目			
	轻质非水相有机物	重质非水相有机物	非金属无机物	金属
硬质聚氯乙烯	适用	不适用	适用	适用
高密度聚乙烯	不适用	适用	适用	适用
丙乙烯-苯乙烯-丁二烯共聚物	不适用	不适用	适用	适用
聚四氟乙烯	适用	适用	适用	适用
不锈钢	适用	适用	适用	不适用
碳钢	适用	适用	适用	不适用

注：同等条件下优先采用硬质聚氯乙烯。

4.3.4 井壁管、滤水管和沉淀管应采用同种材质，内壁光滑、圆直，管端口面与管轴线应垂直且无毛刺，管材内外表面不得有裂缝、结疤、破损等缺陷。

4.3.5 滤水管段过滤器类型应根据监测目的、监测类型、拟建场地和含水层性质等选用，可参照表4.3.5执行。

表4.3.5 过滤器类型选择

过滤器类型	过滤器特性	适用性
条缝过滤器	滤缝直接开在骨架管上，呈外窄内宽结构，不易堵塞，透水性能好，有良好的防腐蚀性能，成本较低	适用于各种类型监测井
缠丝过滤器	易于制造，适应性广，可根据水质选择缠丝的材料，具有一定的防腐蚀能力和较好的挡砂透水性能	适用于各种类型监测井
包网过滤器	滤网孔眼容易堵塞，透水性能差	适用于细颗粒含水层，可与条缝过滤器组合使用

4.3.6 硬质聚氯乙烯或高密度聚乙烯材质的滤水管宜采用条缝式过滤器，其设计应符合下列规定：

1 直接采用切缝式滤水管时，筛缝宽度依据含水层土壤粒径决定，可参照表4.3.6执行。

表4.3.6 滤料粒径、筛缝宽度与含水层颗粒级配换算

含水层颗粒级配 D_{10}(mm)	筛缝宽度(mm)	滤料粒径(mm)
＜0.3	0.178	0.3～0.6
0.3～0.6	0.254	1.0～2.5
0.6～1.18	0.508	1.5～3.5
1.18～2.3	1.270	2.5～4.0
2.3～4.5	2.286	4.0～8.0

注：D_{10} 代表10%的土壤颗粒能够通过的粒径。

2 当含水层颗粒级配与筛缝宽度未满足表4.3.6要求时，外包2层～3层40目～200目钢丝网或尼龙网后，筛缝宽度可选用0.5 mm～0.75 mm。

4.3.7 不锈钢或碳钢材质的滤水管可采用圆孔缠丝或圆孔包网过滤器。缠丝、包网材料宜采用不锈钢、铜或尼龙等耐腐蚀性材料。

4.3.8 包网过滤器的包网面孔隙率、缠丝过滤器的设计和缠丝面孔隙率以及过滤器的有效孔隙率，具体参照现行国家标准《管井技术规范》GB 50296 中相关要求执行。

4.3.9 井管连接严禁使用粘合剂，宜采用螺纹连接。井管连接后，各井管轴心线应保持一致。

4.3.10 监测井回填材料包括滤料、止水材料和封孔材料等。填料应符合下列规定：

1 滤料应从井管底部回填至滤水管顶 50 cm 以上，当地下水位埋藏较浅时可适当调整。

2 滤料应采用清洁天然石英砂。使用前应进行冲洗，在施工现场存储时应确保不与污染物接触并防止外部杂质混入。

3 滤料规格应与目的含水层颗粒级配相匹配，可按下式计算确定：

$$D_{50}=(4\sim10)d_{50} \tag{4.3.10}$$

式中：D_{50}——滤料筛分样颗粒组成中过筛质量累计为 50%时的最大颗粒直径(mm)；

d_{50}——砂土类含水层筛分样颗粒组成中过筛质量累计为 50%时的最大颗粒直径(mm)。

4 石英砂回填压密后，在孔壁与管壁环状间隙应使用止水材料进行封隔，应能阻隔地表水、上层滞水等外来水通过滤料层进入井内。止水材料宜选用直径为 20 mm～40 mm 的膨润土质黏土球或膨润土球，止水层厚度宜大于 50 cm，当地下水位埋藏较浅时可适当调整。

5 长期监测井止水段之上至地面处，宜根据场地条件选择合适的封孔材料。可选用黏土或水泥作为封孔材料。

5 监测井施工

5.1 一般规定

5.1.1 施工前应广泛收集资料，进行现场踏勘，了解施工条件和环境条件，可采用工程物探等方法以确保井位避开地下管线、沟、槽等地下障碍物，应编制施工组织设计或方案。施工组织设计可参照本标准附录D格式编写，主要包括以下内容：

1 工程任务及要求。

2 钻探设备、施工方法和施工技术的选择。

3 主要设备、人员、材料、费用和施工进度。

4 技术质量保障、安全文明生产和环境保护措施。

5 特殊环境条件下施工应编制应急预案。

6 施工平面布置图。

5.1.2 监测井钻探设备及钻进工艺的选择应根据监测井类型、水文地质条件、地层岩性、岩心采取要求、井(孔)结构和施工条件等因素综合确定。

5.1.3 监测井宜采用螺旋钻进、中空螺旋钻进、冲击钻进、大口径直接贯入钻进等干钻成孔工艺，在易塌孔地层条件下可采用全套管护壁或泥浆护壁钻进成孔工艺，常用钻探方法优缺点及适用性见本标准附录E。

5.1.4 监测井施工程序可按本标准附录F所示流程进行。

5.1.5 监测井建设过程中以及运维期间，应按相关要求做好二次污染防控。不同监测井施工前应清洗钻头和钻杆，防止交叉污染。

5.1.6 施工过程中应拍照记录成井材料和下管、滤料填充、止水封孔、洗井作业等关键工序。

5.2 钻探取心

5.2.1 监测井宜全孔取心、鉴别地层，根据地层结构调整监测井设计。

5.2.2 钻探取心可采用直推贯入、冲击钻进等方法。取心过程应防止土层交叉影响。

5.2.3 岩心采取应符合下列规定：

1 岩心采取率：黏性土不低于90%，砂性土不低于75%，不符合要求时必须补取。

2 岩心应按序整齐排放，不得颠倒、混淆，每回次取心应详细填写岩心标签。

5.2.4 钻进取心过程中，应现场鉴别揭露土层的岩性名称，并进行地质编录，保留岩心照片。地质编录、地层柱状图可参照现行国家标准《岩土工程勘察规范》GB 50021的相关要求执行。

5.2.5 需要采集土工试验样品时，采样间距宜为1个/m，应按现行国家标准《土工试验方法标准》GB/T 50123的要求进行物理力学指标及渗透系数测试。

5.2.6 应真实详细记录钻进过程。

5.3 钻进成孔

5.3.1 监测井井孔宜一径到底，中途不变径。

5.3.2 钻进成孔过程中，应采取措施保证井孔圆直，井孔直径不应小于设计要求。

5.3.3 成孔下管前按设计要求进行孔深校正、孔斜测量，并应符合下列规定：

1 孔深误差应控制在1%以内，误差超过时应及时校正。

2　终孔钻孔顶角的偏斜不应超过 0.5°，孔斜超过时应及时纠偏。

5.3.4　采用泥浆护壁成孔工艺的，应清扫井孔泥壁，尤其是含水层井段泥壁。

5.3.5　成孔结束应检查、清除孔底沉渣。

5.3.6　钻进过程中应详细记录钻机类型及使用设备、钻头大小及类型、地下水水位及钻进深度等，记录表式可参照本标准附录 G。

5.4　成　井

5.4.1　成井材料应符合下列规定：

1　应根据确定的成井结构选用成井材料，核定井壁管、过滤管、沉淀管的长度，配置管材并详细记录，表式可参照本标准附录 G。

2　应检查管材质量，确保符合设计要求。

5.4.2　下管应符合下列规定：

1　应按沉淀管、滤水管、井壁管顺序依次下管。

2　井管应安装于井孔中心，相邻两节井管的结合应紧密和保持竖直，过滤器安装深度的偏差不应超过±100 mm。

5.4.3　填砾应符合下列规定：

1　下管后应及时填砾。

2　填砾过程应始终保持井管稳定。

3　滤料应沿井管四周缓慢均匀连续填入，避免滤料搭桥。

4　应记录填砾数量，测量填砾高度，复核填砾位置。

5.4.4　止水应符合下列规定：

1　宜采用半干状态的膨润土球，沿井管四周缓慢均匀连续填入，并确保下沉至滤料层顶部。

2　填充过程中应分段测量止水材料充填高度，确保止水层厚度符合设计要求。

3 止水材料充填完成后应检验止水效果，未达到设计要求时，应重新进行止水。

5.4.5 止水段以上至地表应采用封孔材料进行封孔。

5.5 洗　井

5.5.1 监测井成井后应进行洗井。

5.5.2 应根据含水层岩性特征、监测井结构和井管强度等因素，选择适宜的洗井方法。常见的洗井方法包括超量抽水、反冲、汲取及气洗等。

5.5.3 常见的洗井设备包括潜水泵、活塞、贝勒管、惯性泵、气囊泵和空压机等。

5.5.4 洗井达到下列要求时可终止洗井：

1 出水应达到水清砂净的要求，其含砂量不大于 1/200 000（体积比）。

2 现场宜进行出水测定。当出现下列情况之一时，可结束洗井：

1）混浊度小于或等于 10NTU 或者连续 3 次测定的混浊度变化在±10%以内、电导率变化在±10%以内、pH 值变化在±0.1 以内；

2）洗井抽出水量为井内水体积的 3 倍～5 倍。

5.5.5 洗井过程应防止交叉污染，贝勒管洗井时应一井一管，气囊泵、潜水泵在洗井前应清洗泵体和管线，清洗废水应收集处置。

5.5.6 监测井洗井应记录洗井开始和结束时间、洗井设备和方式、水位高度和沉渣厚度、记录和校核人员等，表式可参照本标准附录 G。

5.6 抽水试验

5.6.1 长期监测井宜进行抽水试验，其他监测井可根据需要进行抽水试验或注水试验。

5.6.2 抽水试验前,应根据水文地质条件和监测井结构合理选择抽水设备和测试仪器。

5.6.3 抽水试验应在成井洗井质量达到要求后进行。

5.6.4 宜进行至少1个落程的稳定流抽水试验。

5.6.5 单井抽水试验可参照现行行业标准《供水水文地质钻探与管井施工操作规程》CJJ/T 13的相关要求执行。

5.6.6 当所揭露浅层地下水含水层段黏性土含量较多、单位涌水量较小时,则将水抽干后加强恢复水位观测,根据水位恢复速率按下式计算渗透系数:

$$K=\frac{\pi r_{\mathrm{w}}}{4t}\ln\frac{H-h_1}{H-h_2} \tag{5.6.6}$$

式中:K——含水层渗透系数(m/d);

H——潜水含水层厚度(m);

r_{w}——井管半径(m);

h_1,h_2——井中水柱高度(m);

t——水位恢复时间间隔(h)。

5.6.7 抽水试验结束后,应绘制监测井抽水试验综合成果图表,包括流量与水位历时曲线、水质分析成果、水文地质参数计算成果、钻孔成果综合柱状图等。

5.6.8 抽水试验后应测量井深。当沉渣厚度大于0.5 m时,应予以清除。

5.7 地下水样品采集

5.7.1 地下水样品采集前应进行采样洗井。

5.7.2 监测井地下水水样采集可参照现行行业标准《地下水环境监测技术规范》HJ 164和《地块土壤和地下水中挥发性有机物

采样技术导则》HJ 1019 的相关要求执行。

5.8 二次污染防控

5.8.1 钻具在场地存放时，应避免受到施工现场污染。

5.8.2 污染防控措施应主要包括下列内容：

1 钻探设备应无油污或漏油等情形。钻探工具和建井材料均应确保清洁，避免污染地下水。

2 钻探过程中产生的钻出土壤应先使用容器收集并暂存，依据后期监测结果采取合理的管理措施。

3 监测井建设、洗井与维护过程中产生的设备清洗废水和洗井废水，均应使用容器进行收集，依据后期监测结果采取合理的管理措施。

4 应做好监测井建设、采样与维护过程中所用耗材的环境管理，不得就地丢弃，可集中收集交由环卫部门处理。

5.8.3 常用的建井工具清洗方法和程序如下：

1 采用刷子刷洗、高压水或低压水冲洗等方法去除粘附在工具上的土壤和可能的污染物。

2 可采用无磷洗涤剂清洗工具上粘附的油污或有机类污染物，再用水流或高压水去除残余的洗涤剂。

3 清洗后的工具风干后备用。

4 收集工具淋洗样品，并保留备查。

5.8.4 长期监测井建设宜提供井管、石英砂、膨润土质黏土球等主要材料的环境类检测报告，检测项目与评价标准按现行国家标准《地下水质量标准》GB 14848、《土壤环境质量 建设用地土壤污染风险管控标准》GB 36600 及相关技术规定要求执行。

5.9 平面坐标及高程测量

5.9.1 长期监测井建设完成后应进行井口平面坐标、高程测量，其他监测井可根据需要进行。

5.9.2 平面坐标测量应满足图根平面精度要求。

5.9.3 长期监测井高程测量应满足四等以上水准精度要求。若井口或水准点有变动迹象，应随时校测。

5.9.4 临时监测井高程测量应满足五等以上水准精度要求。

5.10 井口保护

5.10.1 应根据监测任务要求采取不同的井口保护措施。井口保护措施主要包括井口保护筒、井台或井盖、警示柱及井口标识等部分。

5.10.2 井口保护应参照现行行业标准《地下水环境监测技术规范》HJ 164 要求执行。

5.10.3 井口保护装置为水泥平台式的监测井，铭牌应设立于井口钢管保护套上；井口保护装置为井盖式的监测井，铭牌应设立于地下水环境监测井井盖的反面。铭牌内容包括监测井编号、建井日期、建井单位及联系电话、管理单位及联系电话等。

5.10.4 监测井孔口保护与标识可参照本标准附录 H 执行。

6 监测井维护保养

6.1 一般规定

6.1.1 长期监测井应定期进行维护保养，其他监测井可根据需要进行。

6.1.2 应保证监测井在其完成监测任务之前状态完好，发现损坏应及时修复。

6.1.3 为保证长期监测井的正常使用，应建立并及时更新监测井基本情况表，开展日常运行维护，记录表式可参照本标准附录J。

6.2 日常运行维护要求

6.2.1 监测井日常运行维护以巡查为主，主要包括监测井标识、井口保护设施、井管垂直度、止水状态等现场检查，以及水位、淤积物和透水灵敏度等现场测量或测试。

6.2.2 监测井标识、井口保护等发生移位或损坏时，应及时修复。

6.2.3 监测井应每年进行1次水位和井深测量，当监测井内淤积物淤没滤水管或井内地下水水柱长度小于1 m时，应及时洗井清淤以疏通。

6.2.4 监测井宜每2年进行1次透水灵敏度试验，向井内注入灌水段1 m井管容积的洁净水水量，当水位复原时间超过15 min时，应进行洗井，确保符合监测的使用要求；对于潜在污染可能性较大的区域，为观测污染扩散的风险程度，可使用注水试验测定渗透性。

6.3 监测井状况评估

6.3.1 监测井宜每 3 年进行 1 次监测井状况评估，评估结果分为异常监测井与正常监测井两种。

6.3.2 监测井的异常情况主要包括：

1 因人为原因无法开展样品采集。

2 监测井结构及其配套设备、设施已损坏。

3 无法进入监测现场。

4 周边环境状况管理不善导致水质受影响。

5 部分低渗透性监测井在现有采样技术条件下无法达到洗井采样技术规范要求。

6 其他可能影响井位管理和监测评价的情况。

6.3.3 应及时处理监测井异常情况，当异常情况无法处理时，应暂停异常监测井的使用或进行报废。

6.4 废弃监测井处置

6.4.1 废弃监测井处置应符合下列规定：

1 废弃监测井应封填处理。

2 具备条件时，应优先采用拔除井管后再进行封填处理。

3 存在含水层交叉污染、污染扩散情况及潜在含水层交叉污染、污染扩散风险的监测井，应将井管及滤料层清除后再进行封填处理。

4 封填处理可采用直接灌浆法或膨润土(球)或黏土(球)回填法。

6.4.2 直接灌浆法应符合下列规定：

1 灌浆量不得小于依据监测井井深计算的理论浆液填充量。

2 采用导管式灌浆，浆液可采用膨润土与水泥混合浆液(1∶4，水灰比 0.5～1.0)，填充至地面。

3 养护期满后，浆液面不应低于周边地面。

6.4.3 膨润土(球)或黏土(球)回填法应符合下列规定：

1 宜采用半干膨润土(球)或黏土(球)进行回填。

2 回填前计算理论填充量；回填过程中应缓慢填入填充材料，分段测量填充高度，核实填充量，防止搭桥。

3 最终回填高度不应低于周边地面。

7 监测井资料档案

7.1 一般规定

7.1.1 监测井施工及其配套设施安装完成后，应及时收集整理原始记录，编写竣工报告，形成竣工资料。

7.1.2 监测井的原始资料应真实、正确，竣工报告应数据可靠、结论正确、建议合理。

7.1.3 资料整理时应核查各类原始记录的完整性和合理性，发现可疑时应查明原因，由原记录人员予以纠正；原因不明时，应如实说明，严禁任意修改原始记录。

7.1.4 监测井资料应符合信息化管理要求，应基于现有基础地理信息系统，将监测井建设信息、勘查成果信息等各类信息与基础地理框架数据融合，为构建监测井信息管理一张图系统提供技术支撑。

7.2 竣工报告编制

7.2.1 竣工报告编制前，应先收集整理相关质量控制资料和实物资料，主要包括：

1 钻探班报表，地质编录，孔深校正、孔斜测量、井管长度量测校正、填砾、止水检查、封孔、洗井、抽水试验等原始记录，表式可参照本标准附录G。

2 水质检测、土工试验等相关测试报告。

3 钻孔全孔岩心样及关键工序照片。

7.2.2 竣工报告应结合项目合同、任务书、施工组织设计等前期文件资料，按有关技术标准编制。

7.2.3 竣工报告应包括文字、图表和必要的附件。报告中的文字、术语、符号、计量单位等应符合国家相关标准的规定。

7.2.4 竣工报告应包括以下主要内容：

1 项目概况（包括项目基本信息、建井目标及质量要求、施工依据、主要设计参数等）。

2 场地环境、水文地质条件概况（包括场地环境条件、水文地质条件）。

3 施工过程描述（包括施工流程、施工组织、施工设备配置、施工工艺和方法、单井现场验收、环境保护、安全生产及文明施工等）。

4 工程质量评述（包括工程质量保障措施、工程质量评述、抽水试验、野外原始记录、工程质量综合评价等）。

5 主要成果概述（包括工程完成情况、浅部地层特征、水文地质特征等）。

6 结论与建议。

7 附图。监测井综合柱状图，包括监测井结构柱状图、流量降深时间 QST 累计曲线图、监测井点位示意图、抽水试验参数表、井口坐标和高程等。

7.2.5 竣工报告附件应包括以下内容：

1 前期文件（项目报批文件、招投标文件、合同、设计文件、施工组织设计等）。

2 施工过程的原始记录。

3 建井材料质保书。

4 抽水试验观测记录表。

5 水质检测报告。

6 土工试验成果报告。

7 质量验收报告（表式可参照本标准附录 K）。

8 项目建设中明确要求的其他内容。

7.3 资料归档要求

7.3.1 监测井建成后应建立监测井资料档案，并及时归档。监测井档案资料应由设计文件、施工过程资料、竣工报告、监理报告、运行维护记录等纸质和电子文档组成。

7.3.2 核查人员应对档案资料进行完整性核查，纸质文件应装订成册，档案资料应妥善保管。

7.3.3 监测井信息管理应符合下列规定：

1 监测井数据库的构建应符合现行国家标准《基础地理信息城市数据库建设规范》GB/T 21740 的相关规定。

2 监测井信息交换与应用服务应符合现行行业标准《城市基础地理信息系统技术规范》CJJ 100 的相关规定。

3 监测井信息管理系统的安全设计应符合现行国家标准《信息安全技术　网络安全等级保护基本要求》GB/T 22239 的相关规定。

4 监测井数据、信息等宜以公开通用格式的文件进行存储和提交。

7.3.4 监测井信息管理系统应基于地理信息平台构建，应具备数据输入、编辑、查询、统计、分析、数据分布和监测等基本功能，宜具备三维可视化、数据交换服务等应用功能。

附录A　上海市浅层地下水水文地质图

图A.0.1　上海市地貌类型图

注:图片引用自《上海城市地质图集》(地质出版社,2010)。

图 A.0.2　上海市浅层地下水岩性结构图

注:图片引用自《上海城市地质图集》(地质出版社,2010)。

附录B 监测井编码规则

监测井编码应设置为8位数字,并包含行政区号(表B)、监测井类型、监测井权属单位性质、顺序编号等内容。

第1～3位:行政区号,例:黄浦区为101;

第4位:监测井类型,浅层地下水环境监测井为1;

第5位:监测井权属单位性质,生态环境部门为1,其他政府部门为2,企业/园区为3,其他类型单位为0;

第6～8位:顺序编号,确保一井一编码。

表B 各区行政编号对照表

序号	区名	行政区号
1	黄浦区	101
2	徐汇区	104
3	长宁区	105
4	静安区	106
5	普陀区	107
6	虹口区	109
7	杨浦区	110
8	闵行区	112
9	宝山区	113
10	嘉定区	114
11	浦东新区	115
12	金山区	116
13	松江区	117
14	青浦区	118
15	奉贤区	120
16	崇明区	151

附录C　典型监测井结构图

工程名称			监测井编号		成井结构图
工程地址			监测井深度	6.00 m	
层号	层底埋深(m)	层厚(m)	地层岩性 比例尺 垂直1:25 水平1:10	岩性描述	
1	1.00	1.00		杂填土，湿，松散，以碎石、砖块和建筑垃圾为主，夹大量黏性土及植物根茎，底部约10 cm为素填土	黏土球 Φ200 mm Φ400 mm 1.00 m
2	4.00	3.00		褐黄色黏性土，很湿、软塑-可塑，局部夹少量薄层状粉性土，土质不均，切面粗糙，干强度中等	2.00 m 5# 天然石英砂
3	6.00	2.00		灰色淤泥质粉质黏土，很湿-饱和，软塑-流塑，含有机质，夹少量薄层状粉土，厚1 cm~3 cm不等。土质不均，切面粗糙，干强度中等	5.20 m 5.70 m

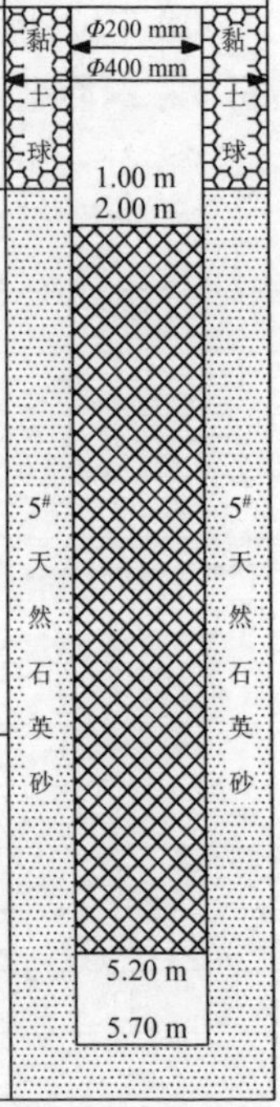

图 C.0.1　单层结构含水层典型监测井结构示意图

工程名称			监测井编号			成井结构图
工程地址			监测井深度	10.00 m		
层号	层底埋深(m)	层厚(m)	地层岩性 比例尺 垂直1:25 水平1:10	岩性描述		
1	1.00	1.00		杂填土，湿，松散，以碎石、砖块和建筑垃圾为主，夹大量黏性土及植物根茎，底部约10 cm为素填土		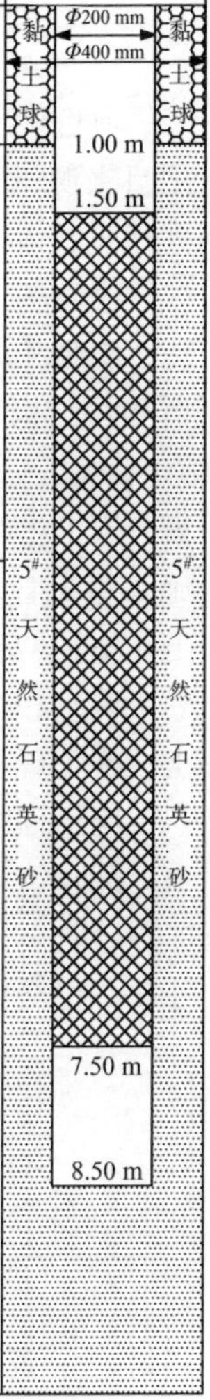 Φ200 mm Φ400 mm 黏土球 1.00 m
2	4.00	3.00		褐黄色黏性土，很湿、软塑-可塑，局部夹少量薄层状粉性土，土质不均，切面粗糙，干强度中等		1.50 m
3	10.00	6.00		灰色砂质粉土，饱和，松散，局部夹少量薄层状黏性土，分选性较好，摇震反应迅速		5# 天然石英砂 7.50 m 8.50 m

图 C.0.2　双层结构含水层典型监测井结构示意图

附录D　监测井施工组织设计文本格式

一、项目概况

项目来源、目的任务、监测井建设的实物工作量、编制依据、监测井建设技术要求等。

二、建设场地水文地质概况

三、监测井施工

监测井结构、主要材料、施工工艺和方法、土工试验和水质分析、施工设备及进度计划等。

四、施工组织管理及岗位职责

施工组织管理机构、组织管理程序、施工管理岗位职责等。

五、质量、安全生产及文明施工措施

六、质量和进度控制方案

七、施工现场环境污染防治措施

八、应急预案

九、配合管理及服务承诺

十、验收

十一、提交成果

附录 E 常用钻探方法优缺点及适用性比较

表 E 常用钻探方法优缺点及适用性比较

钻探方法	优点	缺点	适合土层		
			黏性土	粉土	砂土
冲击钻探	(1) 钻探深度可达 30 m。 (2) 对人员健康安全和地面环境影响较小。 (3) 钻进过程无需添加水或泥浆等冲洗介质,可采集未经扰动的样品,可用于含挥发性有机物土壤样品的采集。 (4) 可采集到多类型样品,包括污染物分析试样、土工试验样品、地下水试样;还可用于地下水采样井建设	(1) 获得地层的感性认识不直观。 (2) 需要处置从钻孔中钻探出来的多余样品	++	++	++
螺旋钻探	(1) 钻探深度可达 40 m。 (2) 采样井建设可以在钻杆空心部分完成,避免钻孔坍塌。 (3) 不需要泥浆护壁,避免泥浆对土壤样品的污染。 (4) 适用于挥发性有机物土壤样品的采集	(1) 不可用于坚硬岩层、卵石层和流砂地层。 (2) 钻进深度受钻具和岩层的共同影响	++	+	+
直推式钻进	(1) 适用于均质地层,典型采样深度为 6 m～7.5 m。 (2) 钻进过程无需添加水或泥浆等冲洗介质。 (3) 可采集原状土心,适用于挥发性有机物土壤样品采集	(1) 对操作人员技术要求较高。 (2) 不可用于坚硬岩层、卵石层和流砂地层。 (3) 典型钻孔直径为 3.5 cm～7.5 cm,对于建设采样井的钻孔需进行扩孔	++	++	++

注:“++”为适用;“+”为部分适用。

附录F 监测井建设与施工流程

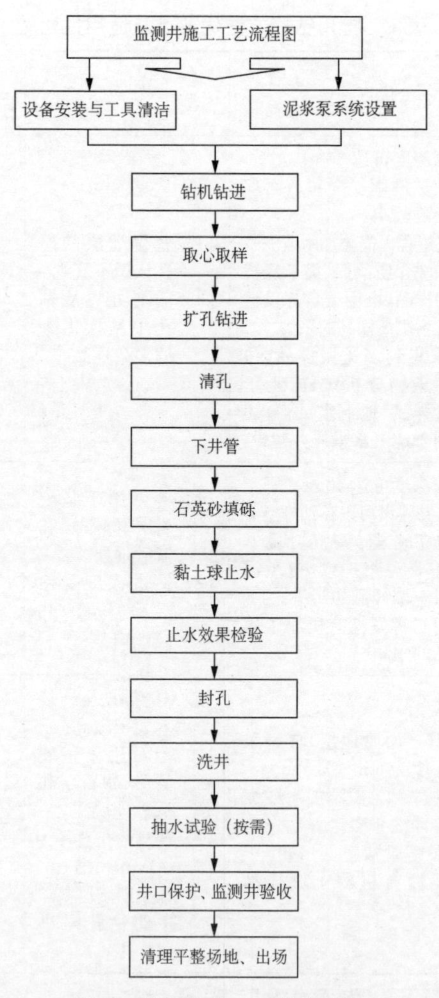

图F 监测井施工工艺流程图

附录G　主要施工用表表式

表G.0.1　钻进班报表

工程名称：________　施工单位：________　____年___月___日自___时至___时___班　监测井编号：________

钻机类型：________

<table>
<tr><td colspan="3">工作时间</td><td rowspan="2">工作简述</td><td rowspan="2">钻进感觉</td><td rowspan="2">冲洗液消耗</td><td colspan="3">钻具统计</td><td rowspan="2">机上余尺</td><td colspan="3">钻进(m)</td><td colspan="2">岩心</td><td rowspan="2">取心率(%)</td><td>钻头</td><td rowspan="2">备注</td></tr>
<tr><td>自</td><td>至</td><td>计</td><td>编号</td><td>长度(m)</td><td>累计</td><td>自</td><td>至</td><td>计</td><td>编号</td><td>长度(m)</td><td>规格</td></tr>
<tr><td></td><td></td><td></td><td></td><td></td><td></td><td></td><td></td><td></td><td></td><td></td><td></td><td></td><td></td><td></td><td></td><td></td><td rowspan="9">机高：____m
主动钻杆____m
孔内单根____根____m
孔内立根____根____m
孔内岩心管____m
钻头高度____m
孔内钻具总长____m</td></tr>
<tr><td></td><td></td><td></td><td></td><td></td><td></td><td></td><td></td><td></td><td></td><td></td><td></td><td></td><td></td><td></td><td></td><td></td></tr>
<tr><td></td><td></td><td></td><td></td><td></td><td></td><td></td><td></td><td></td><td></td><td></td><td></td><td></td><td></td><td></td><td></td><td></td></tr>
<tr><td></td><td></td><td></td><td></td><td></td><td></td><td></td><td></td><td></td><td></td><td></td><td></td><td></td><td></td><td></td><td></td><td></td></tr>
<tr><td></td><td></td><td></td><td></td><td></td><td></td><td></td><td></td><td></td><td></td><td></td><td></td><td></td><td></td><td></td><td></td><td></td></tr>
<tr><td></td><td></td><td></td><td></td><td></td><td></td><td></td><td></td><td></td><td></td><td></td><td></td><td></td><td></td><td></td><td></td><td></td></tr>
<tr><td></td><td></td><td></td><td></td><td></td><td></td><td></td><td></td><td></td><td></td><td></td><td></td><td></td><td></td><td></td><td></td><td></td></tr>
<tr><td></td><td></td><td></td><td></td><td></td><td></td><td></td><td></td><td></td><td></td><td></td><td></td><td></td><td></td><td></td><td></td><td></td></tr>
<tr><td></td><td></td><td></td><td></td><td></td><td></td><td></td><td></td><td></td><td></td><td></td><td></td><td></td><td></td><td></td><td></td><td></td></tr>
<tr><td colspan="2" rowspan="3">出勤人员</td><td colspan="4">钻机管理：</td><td colspan="4">工具管理：</td><td colspan="8" rowspan="3">工作小结：进尺：________m　岩心：________m
机长：________　交班班长：________　接班班长：________</td></tr>
<tr><td colspan="4">水泵管理：</td><td colspan="4">其他</td></tr>
<tr><td colspan="4">记录员：</td><td colspan="4">第________页</td></tr>
</table>

表 G.0.2 井管长度丈量校正记录表

工程名称			工程地址			
监测井编号		施工单位				
序 号	丈量日期	井管长度(m)		误差	是否更正	备注
		第一次	第二次			

测量人：　　　　记录人：　　　　校核：　　　　日期：　　　　年　　月　　日

表 G.0.3 钻孔孔深/孔斜误差记录表

<table>
<tr><td colspan="2">工程名称</td><td colspan="3"></td><td>监测井编号</td><td></td></tr>
<tr><td colspan="2">工程地址</td><td colspan="3"></td><td>施工单位</td><td></td></tr>
<tr><td colspan="4">钻孔孔深测量</td><td>量测设备</td><td colspan="2"></td></tr>
<tr><td rowspan="2">序号</td><td rowspan="2">测量日期</td><td colspan="2">孔深(m)</td><td rowspan="2">误差</td><td rowspan="2">是否更正</td><td rowspan="2">备　注</td></tr>
<tr><td>校正前</td><td>校正后</td></tr>
<tr><td></td><td></td><td colspan="2"></td><td></td><td></td><td></td></tr>
<tr><td></td><td></td><td colspan="2"></td><td></td><td></td><td></td></tr>
<tr><td></td><td></td><td colspan="2"></td><td></td><td></td><td></td></tr>
<tr><td></td><td></td><td colspan="2"></td><td></td><td></td><td></td></tr>
<tr><td></td><td></td><td colspan="2"></td><td></td><td></td><td></td></tr>
<tr><td></td><td></td><td colspan="2"></td><td></td><td></td><td></td></tr>
<tr><td></td><td></td><td colspan="2"></td><td></td><td></td><td></td></tr>
<tr><td></td><td></td><td colspan="2"></td><td></td><td></td><td></td></tr>
<tr><td></td><td></td><td colspan="2"></td><td></td><td></td><td></td></tr>
<tr><td colspan="4">钻孔孔斜测量</td><td>量测设备</td><td colspan="2">________测斜仪</td></tr>
<tr><td>序号</td><td>测量日期</td><td colspan="2">深度(m)</td><td colspan="2">顶角(°)</td><td>备　注</td></tr>
<tr><td></td><td></td><td colspan="2"></td><td colspan="2"></td><td></td></tr>
<tr><td></td><td></td><td colspan="2"></td><td colspan="2"></td><td></td></tr>
<tr><td></td><td></td><td colspan="2"></td><td colspan="2"></td><td></td></tr>
<tr><td></td><td></td><td colspan="2"></td><td colspan="2"></td><td></td></tr>
<tr><td></td><td></td><td colspan="2"></td><td colspan="2"></td><td></td></tr>
<tr><td></td><td></td><td colspan="2"></td><td colspan="2"></td><td></td></tr>
<tr><td></td><td></td><td colspan="2"></td><td colspan="2"></td><td></td></tr>
<tr><td></td><td></td><td colspan="2"></td><td colspan="2"></td><td></td></tr>
<tr><td></td><td></td><td colspan="2"></td><td colspan="2"></td><td></td></tr>
</table>

测量人：　　　　记录人：　　　　校核：　　　　　日期：　　　年　　月　　日

表 G. 0. 4 监测井成井(下管、填砾)记录表

工程名称						监测井编号						
工程地址						施工单位						
下管记录			下管日期		填砾记录					填砾日期		
井管规格			滤水管规格		二次清孔泥浆比重							
沉淀管规格			下管前泥浆比重		理论填砾量(t)					设计填砾深度		
序号	名称	单根长度(m)	累计长度(m)	备注	序号	时间		填砾车数	填砾量(t)	累计填砾(t)	实测填砾深度	备注
						自	至					

记录人：　　　　　　　　校核：　　　　　　　　日期：　　年　　月　　日

表 G.0.5 监测井止水/封孔记录表

工程名称				监测井编号	
工程地址				施工单位	
止水记录		黏土球规格		止水日期	
理论填黏土球量(t)				设计止水深度(m)	
时间		黏土球(包)	黏土球量(t)	累计黏土球量(t)	实测投黏土球深度(m)	备注
自	至					
止水效果						
封孔记录		封孔材料		封孔日期		
理论填黏土球量(t)				设计封孔深度(m)		
时间		黏土球计数	黏土球量(t)	累计黏土球量(t)	实测投黏土球深度(m)	备注
自	至					

记录人：　　　　校核：　　　　日期：　　年　月　日

表 G.0.6 监测井洗井记录表

<table>
<tr><td colspan="2">工程名称</td><td colspan="5"></td><td>监测井编号</td><td colspan="4"></td></tr>
<tr><td colspan="2">工程地址</td><td colspan="5"></td><td>施工单位</td><td colspan="4"></td></tr>
<tr><td colspan="2">含水层层位</td><td colspan="2"></td><td colspan="2">洗井设备</td><td></td><td>洗井方式</td><td></td><td>测口高度
(m)</td><td colspan="2"></td></tr>
<tr><td colspan="3">观测时间</td><td colspan="2">累计时间</td><td colspan="2">水位</td><td>水量</td><td colspan="2">沉渣</td><td rowspan="2">观测员</td><td rowspan="2">备注</td></tr>
<tr><td>日/月</td><td>时</td><td>分</td><td>时</td><td>分</td><td>测口起算
深度(m)</td><td>地面埋深
(m)</td><td>涌水量
(m^3/h)</td><td>测口起算
深度
(m)</td><td>沉渣
厚度
(m)</td></tr>
<tr><td></td><td></td><td></td><td></td><td></td><td></td><td></td><td></td><td></td><td></td><td></td><td></td></tr>
<tr><td></td><td></td><td></td><td></td><td></td><td></td><td></td><td></td><td></td><td></td><td></td><td></td></tr>
<tr><td></td><td></td><td></td><td></td><td></td><td></td><td></td><td></td><td></td><td></td><td></td><td></td></tr>
<tr><td></td><td></td><td></td><td></td><td></td><td></td><td></td><td></td><td></td><td></td><td></td><td></td></tr>
<tr><td></td><td></td><td></td><td></td><td></td><td></td><td></td><td></td><td></td><td></td><td></td><td></td></tr>
<tr><td></td><td></td><td></td><td></td><td></td><td></td><td></td><td></td><td></td><td></td><td></td><td></td></tr>
</table>

测量人：　　　　　　记录员：　　　　　　校核：　　　　　　日期：　　年　　月　　日

附录 H　监测井孔口保护与标识

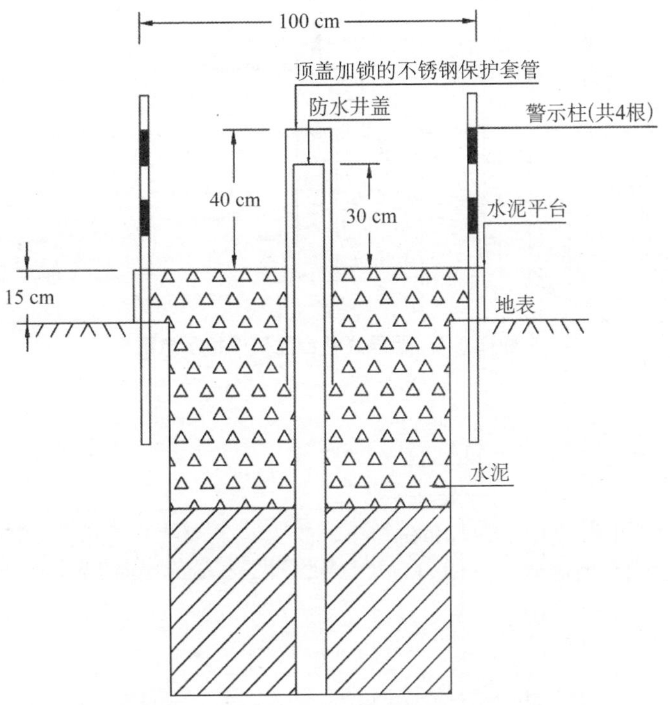

图 H. 0. 1　平台式监测井孔口保护示意图

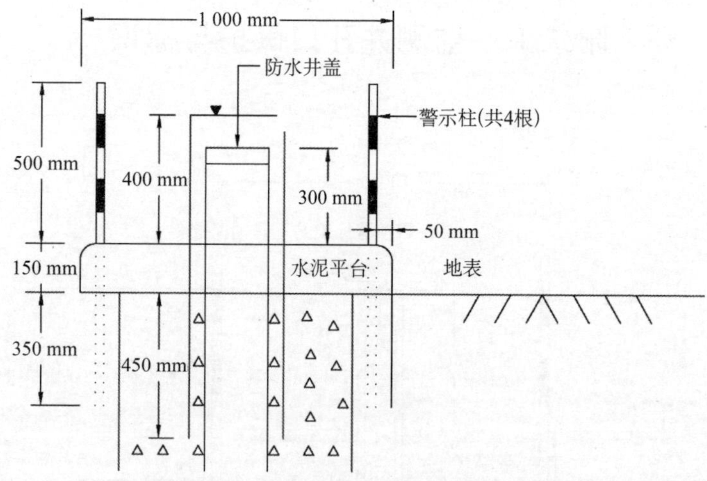

图 H. 0. 2　明显式井台孔口保护示意图

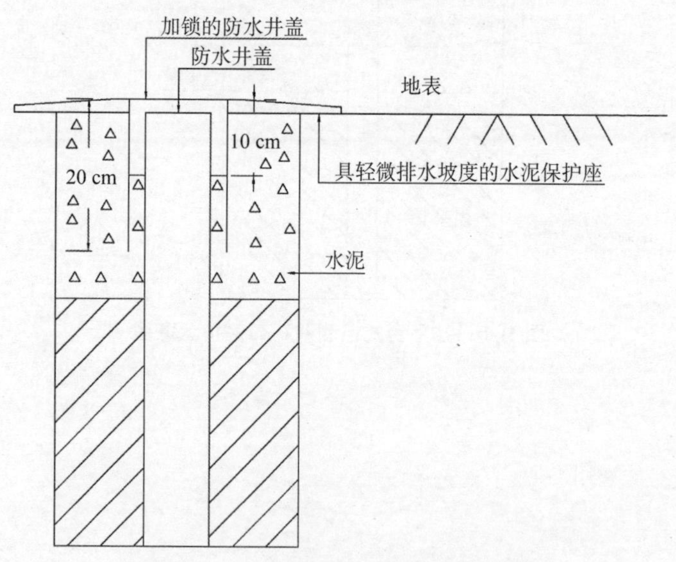

图 H. 0. 3　隐蔽式井台孔口保护示意图

表 H.0.1 监测井铭牌规格要求

项目	参数要求
材质	304# (或更高标准级别)不锈钢,厚度 2 mm 以上
表面处理	亚光拉丝工艺
外形尺寸	长方形,300 mm×200 mm
信息内容和字体要求	内容自上而下、自左而右分别为:生态环境保护标识(绿色,直径 80 mm)、二维码(80 mm×80 mm)(包含井编号、经纬度、井深、建井日期、滤水管长度及深度、井口高程、地下水水位、监测井现状、建井单位、管理单位及联系电话)、"浅层地下水环境监测井"(华文中宋,加粗,24pt)、基本信息(宋体,18pt,其中"监测井编码""建井单位""管理单位""联系电话"加粗)
工艺	激光雕刻技术,黑色喷涂
安装方式	四角预留直径 4 mm 孔位,通过结构胶居中粘贴,并在四角加装长度不小于 15 mm 的不锈钢螺丝加固

浅层地下水环境监测井

监测井编码: 10111001

建井单位: 监测井施工单位

管理单位: 监测井所有权单位

联系电话: 021-××××××××

图 H.0.4 监测井铭牌标识示意图

附录J 监测井日常运行维护记录表

表J 监测井日常运行维护记录表

一、监测井基本信息					
工程名称				工程编号	
工程地址				运维日期	
日常运行维护单位				项目负责	
孔径(mm)		孔深(m)		管材类型	
水位埋深(m)		孔口高程(m)		测口高程(m)	
坐标	X__________ Y__________				

二、监测井日常运行维护表			
日常运行维护内容			检查情况
监测环境	周边是否有存在危害、影响仪器监测和监测井安全的工程行为		□无 □有
基础设施	监测井	监测井设施是否完好无损	□完好 □有损
	井口保护	保护设施是否完好无损	□完好 □有损
	监测井铭牌	铭牌是否完好无损	□完好 □有损
透水试验	水位复原时间	是否超过 15 min	□超过 □未超过
技术装备	孔深校核	人工测量读数	① m;② m;平均 m
		孔内沉渣厚度	m
		是否需要洗井	□需要 □不需要
	水位校核	人工观测读数	① m;② m;平均 m
		人工测量埋深	m
	水温校核	人工观测读数	℃
备注			

记录人：　　　　审核人：　　　　填表时间：　　年　　月　　日

附录K　监测井质量验收报告

工程名称：________________________________

监测井质量验收报告

监测井编号________设计孔深________m

钻孔性质________终孔深度________m

钻机类型__________________________

孔口坐标 X____________ Y____________

孔口高程 H______________________

开孔日期：________年____月____日

终孔日期：________年____月____日

建设单位：______________________________

施工单位：______________________________

验收日期：　　　　年　　月　　日

钻孔结构	孔径(mm)		原状土样		扰动土样	
	起止深度(m)		取样井段	(m)	取样井段	(m)
取心取样	岩心采取率(%)		取样数量	(个)	取样数量	(个)
	黏性土		取样间隔	(m)	取样间隔	(m)
	砂性土		合格率	%		

孔斜孔深	孔斜测量			孔深校正			
	孔深(m)		使用仪器	检查前孔深(m)		误差	
	倾角			检查后孔深(m)		处理与否	

成井结构	管材		井管	滤水管	沉淀管	填砾		止水封孔		
	材质	直径(mm)	深度(m)	深度(m)	深度(m)	部位(m)	填料规格	部位(m)	材料	效果

原始记录质量

抽水试验	试验段深度(m)	抽水试验			静水位		动水位		恢复水位		风管下入深度(m)	取水样数(套)	水温(℃)
		S(m)	*Q*(m^3/h)	*q*($m^3/m\cdot h$)	稳定水位(m)	稳定持续时间(h)	稳定水位(m)	稳定持续时间(h)	恢复至静水位时间(h)	恢复至静水位后持续时间(h)			

质量总评述

验收单位： 现场负责人： 验 收 人： 单位技术负责：	施工单位： 现场负责人： 机 长： 单位技术负责：

本标准用词说明

1 为便于在执行本标准条文时区别对待，对要求严格程度不同的用词说明如下：

1）表示很严格，非这样做不可的用词：

正面词采用“必须”；

反面词采用“严禁”。

2）表示严格，在正常情况下均应这样做的用词：

正面词采用“应”；

反面词采用“不应”或“不得”。

3）表示允许稍有选择，在条件许可时首先应这样做的用词：

正面词采用“宜”；

反面词采用“不宜”。

4）表示有选择，在一定条件下可以这样做的用词，采用“可”。

2 条文中指明应按其他有关标准、规范执行时的写法为“应符合……的规定”或“应按……执行”。

引用标准名录

1 《地下水质量标准》GB/T 14848

2 《土壤环境质量　建设用地土壤污染风险管控标准》GB 36600

3 《土壤环境质量　农用地土壤污染风险管控标准》GB 15618

4 《岩土工程勘察规范》GB 50021

5 《供水水文地质勘察规范》GB 50027

6 《管井技术规范》GB 50296

7 《地下水监测技术规范》GB/T 51040

8 《地下水环境监测技术规范》HJ 164

9 《地块土壤和地下水中挥发性有机物采样技术导则》HJ 1019

10 《建设用地土壤污染风险管控和修复监测技术导则》HJ 25.2

11 《水文水井地质钻探规程》DZ/T 0148

12 《地质岩心钻探规程》DZ/T 0227

13 《地下水监测井建设规范》DZ/T 0270

14 《水文地质调查规范（1∶50 000）》DZ/T 0282

15 《浅层取样钻探技术规程》DZ/T 0362

16 《供水水文地质钻探与管井施工操作规程》CJJ/T 13

17 《水利水电工程注水试验规程》SL 345

18 《水利水电工程钻孔抽水试验规程》SL 320

19 《建设场地污染土勘察规范》DG/TJ 08—2233

20 《岩土工程勘察标准》DG/TJ 08—37

21 《污水综合排放标准》DB31/199

上海市团体标准

浅层地下水环境监测井建设技术标准

T/SHDZ 001—2023

条 文 说 明

2024 上海

目　次

1　总　则 …………………………………………………… 51
2　术　语 …………………………………………………… 53
3　基本规定 ………………………………………………… 54
　3.1　监测井类型 ………………………………………… 54
　3.2　监测井深度 ………………………………………… 54
　3.4　基本要求 …………………………………………… 54
　3.5　工作流程 …………………………………………… 55
4　监测井结构设计 ………………………………………… 56
　4.1　一般规定 …………………………………………… 56
　4.2　井(孔)设计 ………………………………………… 56
　4.3　建井材料 …………………………………………… 57
5　监测井施工 ……………………………………………… 59
　5.1　一般规定 …………………………………………… 59
　5.2　钻探取心 …………………………………………… 59
　5.3　钻进成孔 …………………………………………… 60
　5.4　成　井 ……………………………………………… 61
　5.5　洗　井 ……………………………………………… 62
　5.6　抽水试验 …………………………………………… 63
　5.7　地下水样品采集 …………………………………… 64
　5.8　二次污染防控 ……………………………………… 64
　5.9　平面坐标及高程测量 ……………………………… 65
　5.10　井口保护 ………………………………………… 65
6　监测井维护保养 ………………………………………… 67
　6.4　废弃监测井处置 …………………………………… 67

Contents

1 General provisions ······ 51
2 Terms ······ 53
3 Basic regulations ······ 54
  3.1 Monitoring well type ······ 54
  3.2 Monitoring well depth ······ 54
  3.4 Basic requirements ······ 54
  3.5 Working procedure ······ 55
4 Monitoring well structure design ······ 56
  4.1 General regulations ······ 56
  4.2 Well (hole) design ······ 56
  4.3 Well construction materials ······ 57
5 Monitoring well construction ······ 59
  5.1 General regulations ······ 59
  5.2 Drilling and coring ······ 59
  5.3 Drilling and hole completion ······ 60
  5.4 Well installation ······ 61
  5.5 Well development ······ 62
  5.6 Pumping test ······ 63
  5.7 Groundwater sampling ······ 64
  5.8 Prevention and control of secondary pollution ······ 64
  5.9 Plane coordinate and elevation surveying ······ 65
  5.10 Wellhead protection ······ 65
6 Monitoring well maintenance ······ 67
  6.4 Well abandonment ······ 67

1 总 则

1.0.1 本条规定了制定本标准的目的。浅层地下水环境监测井建设作为地下水基础环境状况调查评价和地下水污染防治监管工作的重要组成部分，对准确反映地下水环境质量状况和地下水体中污染物的动态特征及分布特征，推进地下水污染风险防控，遏制地下水水质污染趋势，提升地下水环境监管能力，加强浅层地下水环境保护，确保地下水质量和安全等具有重要的指导意义。

国土资源部（现已改名为自然资源部）于2014年12月5日发布了《地下水监测井建设规范》（DZ/T 0270—2014）；生态环境部于2019年12月5日发布了《建设用地土壤污染风险管控和修复监测技术导则》（HJ 25.2—2019），2020年12月1日发布了《地下水环境监测技术规范》（HJ 164—2020）。国家和行业缺少专门的地下水环境监测井建设的相关技术规范，更没有专门针对上海地区浅层地下水特征的地下水环境监测井建设的规范、标准。因此，为有效加强本市地下水环境管理，防治地下水污染，急需符合上海市浅层地下水特征的技术标准，以规范上海市浅层地下水环境监测井全生命周期的建设、管理行为。

本标准在总结国内外浅层地下水环境监测井建设的实践经验及研究成果的基础上，针对上海地区浅层地下水水文地质条件及污染潜在污染物特性，经过综合分析后，提出上海市浅层地下水环境监测井建设的技术要求。本标准可对上海市浅层地下水环境监测井建设起到规范性指导作用。

本标准编写体例按住建部《工程建设标准编写规定》，对浅层地下水环境监测井的设计、施工、运行维护及资料归档等工作进行规定。

1.0.2 本条规定了本标准的适用范围。

1.0.3 本条规定了浅层地下水环境监测井建设的总体要求和基本原则。浅层地下水环境监测井的建设工作以设计和施工为前提，这就要求综合考虑水文地质条件、潜在污染物特性、监测目的、监测周期、成本因素和环境保护要求，为建设项目的科学设计与规范施工提供依据。在此基础上，提供资料完整、数据真实、结论正确、建议合理的竣工报告，从而服务于地下水环境保护与管理、污染源风险管控与治理等。

2 术 语

本章给出的术语为本标准有关章节所引用的、用于浅层地下水环境监测井建设的专用术语；同时给出了相应的英文术语，仅供参考。在编写本章术语时，本标准参考了国家现行相关标准中的内容。

2.0.1 本条对浅层地下水进行了定义。

国家标准《地下水超采区评价导则》GB/T 34968—2017 规定：浅层地下水的定义为“与当地大气降水或地表水体有直接补排关系的地下水，包括潜水及与潜水具有较密切水力联系的承压水，一般埋藏较浅”。

从水文地质学角度，上海地区潜水含水层主要为$②_3$层。根据上海地区地层条件，$②_3$层层底埋深一般不超过 20 m；结合环境监测井建设深度一般不超过 20 m 的实际工作经验，有观点认为，“浅层地下水”应定义为地下 20 m 以浅深度范围内的地下水。直接以埋深定义浅层地下水的概念忽略了人类活动和地下水之间的相互作用关系，不利于正确把握环境监测井建设的目的和意义。

有观点认为，应结合国标和上海地层特点，提出“与当地大气降水或地表水体有直接补排关系的地下水，包括潜水及与潜水具有较密切水力联系的微承压水，一般埋深小于 20 m”的定义。由于微承压含水层层底埋深多数超过 20 m，与前述定义存在矛盾。

有观点认为“浅层地下水”，即“第一个不透水层以上的地下水，含水层底板埋深一般小于 20 m”。根据上海的地层特点，实践过程中对“第一个不透水层”的界定存在较多争议。

编制组充分考虑监测井建设的目的和上海地区地下水污染的特点，提出将“浅层地下水”定义为“容易受到人类活动影响的浅部地下水”。

3 基本规定

3.1 监测井类型

3.1.1 浅层地下水环境监测井根据监测目的和要求分为长期监测井和临时监测井。临时监测井在满足短期监测需求的前提下，更多地考虑经济性、便捷性；长期监测井兼顾了基础调查和长期可靠动态监测的需求，对保护条件、建井材料等提出了更高的技术要求。本标准对两种监测井分别提出技术规定。

3.1.2 本市浅层地下水为全新世中晚期滨海-河口、滨海相沉积，含水层岩性结构类型较为复杂，可概化成单层结构和双层结构两种结构类型。单层结构含水层主要分布于陆域西南部湖积平原和东南部滨海平原地区，范围相对较广。根据以往相关经验，单层结构监测井深度宜为 6 m。陆域双层结构含水层主要呈带状和零星透镜体分布，带状分布区域主要位于苏州河以北地区，含水层厚度在 1 m～20 m 不等，零星分布地区砂性土厚度在 1 m 左右；河口砂岛、砂嘴地区双层结构含水层普遍分布。结合以往经验，双层结构监测井深度宜为 8 m～10 m。

3.2 监测井深度

3.2.3 在有潜在污染物分布的区域布设监测井时，应在识别潜在污染物类型和分布特征的基础上，按照井深应大于潜在污染深度的原则，确定监测井深度。

3.4 基本要求

3.4.2 本标准重点关注监测井建设，对监测井点位的确定只作了原则性规定。监测井点位应根据地下水环境调查目的和相关技术规范，在监测井建设前科学选择与确定。

3.4.3 长期监测井建设场地应具备长期保存条件，点位不宜变动，综合考虑成井方法、监测技术水平、采样可行性等因素，尽可能保持地下水监测数据的连续性，还应便于后期运行维护保养，延长监测井使用寿命。

3.5 工作流程

3.5.1 监测井建设工作流程可参考图1。

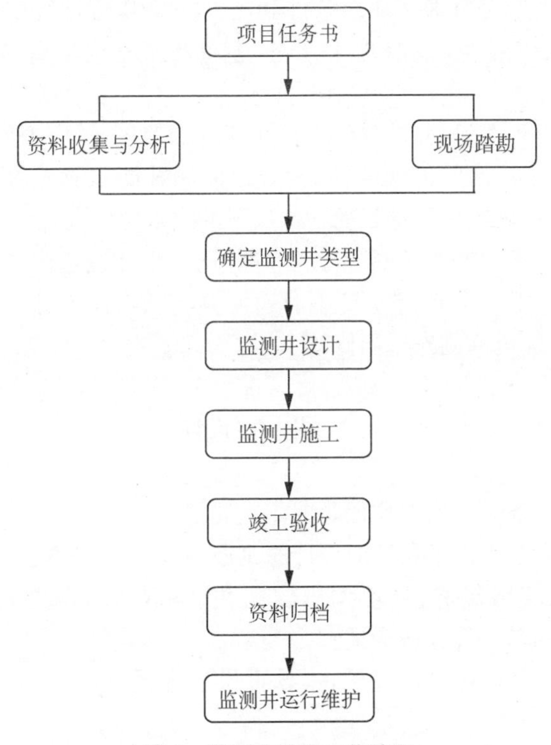

图1 监测井建设工作流程

4 监测井结构设计

4.1 一般规定

4.1.1 本条主要参考现行行业标准《地下水环境监测技术规范》HJ 164 和《地下水监测井建设规范》DZ/T 0270 的相关规定，考虑浅层地下水环境监测井的特点，部分内容作适当修改。

4.1.3 根据本市水文地质条件和潜在污染物特性等因素，并结合以往工作经验，浅层地下水环境监测井应按单管进行结构设计。

4.1.4 由于上海的地层特点，存在隔水层厚度较薄的情况，为防止不同含水层之间的交叉污染，规定监测井滤水管不得越层，监测井建设深度不应穿透目的含水层下的隔水层的底板。

4.1.5 本条主要参考现行行业标准《地下水环境监测技术规范》HJ 164 的相关规定，考虑到临时监测井与长期监测井的不同，临时监测井编码原则作适当修改。

4.2 井(孔)设计

4.2.1 本条对监测井孔径要求作了规定。

1 本款提出了孔径的设计原则及应符合的基本要求。根据上海地区实践经验，环境调查监测井一般较浅，深度普遍小于 10 m，采用单一孔径较为适宜。

2 结合以往工作经验，本款提供了孔径宜满足的最小尺寸要求。

4.2.2 监测井管径的确定既要满足监测井深度、井管强度等要求，还应与常用钻探成孔设备、管材规格等相匹配。结合以往工作经验，参考现行行业标准《地下水环境监测技术规范》HJ 164 的相关规定，本条提供了井管内径宜满足的最小尺寸要求。

4.2.4 本条对监测井滤水管设置要求作了规定。

4 本款主要参考现行行业标准《地下水环境监测技术规范》HJ 164 和《地块土壤和地下水中挥发性有机物采样技术导则》HJ 1019 的相关规定，根据上海地区浅层地下水水位埋深情况，本款不作强制性要求。

4.2.5 沉淀管是用于聚集经过滤料层流入滤水管内的细小颗粒和沉积物，防止滤水管堵塞。为延长监测井监测和使用寿命，长期监测井宜设置沉淀管。

4.2.7 监测井的目的含水层与其他含水层之间封闭止水，是为了避免含水层沟通，影响监测数据的准确性。

4.2.8 沉淀管底部可用管堵等方法封闭，防止下部土层影响管井内的水质。

4.3 建井材料

4.3.1 不恰当地选用建井材料会改变地下水的化学成分，污染地下水，影响监测结果。因此，建井材料应符合国家环境保护要求，不得干扰对监测项目的分析。

4.3.3 本条对井管材质和监测项目的适用性作了规定。为不干扰检测结果，防止材料之间化学和物理的相互作用以及材料与地下水的相互作用，确保监测目的和要求，可根据表 4.3.3 进行选择，同等条件下优先推荐使用硬质聚氯乙烯。

4.3.5 本条参照现行行业标准《水文水井地质钻探规程》DZ/T 0148 的相关规定，选择了适用上海地层条件的三种类型过滤器(条缝过滤器、缠丝过滤器和包网过滤器)，相应修改了各类过滤器的适用条件。

4.3.9 为保证水样不受外来介质污染，管材连接时，不应采用任何可能引入污染的粘合剂，一般采用螺纹式连接（包括平接式和卡箍式两种）。参照现行行业标准《地下水环境监测技术规范》HJ 164 的相关规定，井管轴心线保持上、下一致，确保居中垂直。

5 监测井施工

5.1 一般规定

5.1.1 监测井施工前应了解场地是否具备“三通一平”等基本作业条件。上海地区地下管线复杂，安全风险较高，建议施工前采用工程物探等方法查明地下管线和障碍物，以确保施工安全。

5.1.2 本条主要参考现行国家标准《管井技术规范》GB 50296 和现行行业标准《供水水文地质钻探与管井施工操作规程》CJJ /T 13 的相关规定，并作适当完善。

5.1.3 优先采用无泥浆钻进工艺成井，常用螺旋钻进、中空螺旋钻进等成孔工艺；考虑局部区域存在基岩出露，故保留冲击钻进、大口径直接贯入钻进等成孔工艺。

5.1.5 监测井施工、运行维护及废弃处置时，应参照本标准第 5.8 节的相关要求执行，避免将污染物带入场地或污染地下水，造成二次污染。

5.1.6 监测井施工过程中应留存各关键工序的影像资料，以备质量控制。

5.2 钻探取心

5.2.1 监测井宜全孔连续取心以获取准确地层资料，进而调整井(孔)结构设计，满足监测目的和要求。

5.2.2 监测取心深度较深时，应设置井口保护管，保护管直径应大于井孔直径 100 mm～200 mm，有条件的场地下管深度应进入黏性土层 2 m 以上，应在保护管外侧做好稳固及止水措施，确保施工过程中不松动、井口不坍塌。

5.2.3 本条对岩心采取要求作了规定。

1 岩心采取率为岩心长度与取心进尺长度的比值，黏性土层的岩心采取率不低于90%，砂性土层的岩心采取率不低于75%，未达到要求时，钻孔应移位重新补取，直至符合要求为止。

2 参照现行行业标准《水文水井地质钻探规程》DZ/T 0148的相关规定，本款提出岩心放置要求，应妥善保存防止水分漏失或侵入，直至井孔验收或更长的时间。

5.2.4 现场岩心拍照时，应能体现土层的结构特征，重点突出土层的地质变化，在岩心箱边放置带有明显文字信息（监测井编号及取心深度）的标识，并记录照片编号。

5.2.5 按现行行业标准《地块土壤和地下水中挥发性有机物采样技术导则》HJ 1019的相关要求采取土工试验样品，样品应能准确反映原有地层的岩性、结构及颗粒组成，并及时送至具有资质的检测机构进行物理力学指标及渗透系数测试。

5.3 钻进成孔

5.3.2 本条主要参考现行国家标准《管井技术规范》GB 50296的相关规定，对井孔质量提出要求。井孔圆直是顺利下管，井管居中，填砾、止水均匀不易搭桥，滤水层厚度均匀的基本要求。

5.3.3 本条主要参照现行国家标准《管井技术规范》GB 50296的相关规定，结合浅层地下水环境监测井的特点，对成孔下管前的孔深校正和孔斜测量要求作了规定。

5.3.5 为确保管材顺利下入至设计位置，成孔结束后应探孔，准确测量孔深。当测量结果浅于设计深度时，应清除孔底沉渣。

5.4 成 井

5.4.1 复核成井材料是下管前的重要准备工作。

1 根据取心鉴别后的地层资料，确定监测井成井结构和滤料级配，明确下管深度和安装位置，配置并核定井壁管、过滤管和沉淀管的数量和长度，为下管做准备。

2 对管材逐根检查，井壁管、过滤管和沉淀管应完好，不得有断裂、错位、蚀洞等现象。管材应提供产品质保书，不符合质量要求的管材不得下入孔内；同时对下管设备和工具进行检查，不符合安全要求的不得使用。

5.4.2 下管到位是成井质量的重要保障之一。

1 长期监测井下管时按沉淀管、滤水管、井壁管的顺序依次下入；临时监测井可根据需要选择是否配置沉淀管。

下管方法应根据管材强度、下置深度和起重设备能力等因素选定。下管作业要互相配合，操作要稳要准，管材下放速度不宜太快，中途遇阻时不可猛墩强提，可适当上、下提动和缓慢地转动管材，仍下不去时，应将管材提出，扫除孔内障碍后再行下入。

5.4.3 填砾

1 管材安装后应及时进行填砾，防止井壁掉块或坍塌。当地层岩性砂层厚度较大或存在塌孔风险的地层时，采用泥浆护壁钻进成孔工艺的监测井，在填砾前要稀释井内稠泥浆，但稀释后的泥浆仍要能够起到保护井壁不致掉块或坍塌的作用。

2 井管底部坐落牢固，填砾过程中井管保持垂直居中。

3 填砾方法应根据滤料密实性、井壁稳定性、管井结构和材质等因素确定。当管井较浅时，可由孔口管外直接填入；当管井较深时，宜采用返水填砾法或抽水填砾法。填砾时，应从孔口沿井管四周将滤料缓慢均匀连续填入，不得只从单一的方位填入。

4 填砾时应记录滤料回填数量，定时探测孔内填砾高度，即填砾面位置。当发现回填数量及深度与计算有较大出入时，应及时分析原因并加以处理。如滤料的填入量少于计算量，多数是由于滤料搭桥造成，应及时采取稳妥措施消除后再回填至设计高度。

滤料填至设计位置后，在回填黏土球止水前，应测定填砾面位置，若有下沉，应补填至预定位置。

5.4.4 止水

1 黏土球应从孔口沿井管四周均匀缓慢连续投入孔内，不得只从单一的方位投入。每填充 10 cm 可注入少量的清洁水，注意防止在膨润土回填和注水稳定化的过程中膨润土和井管粘连。

2 止水过程中，根据计算膨润土球回填量分批次探测孔内止水高度。当发现回填数量及深度与计算有较大出入时，应及时采取措施消除后再回填至设计高度。

3 止水材料充填完成后应检验止水效果，检验方法可参照现行行业标准《水文水井地质钻探规程》DZ/T 0148 和《供水水文地质钻探与管井施工操作规程》CJJ /T 13 的相关规定。未达到设计要求时，应重新进行止水。

5.4.5 封孔

封孔是为了止水和阻止地表水下渗。本条适用于长期监测井，根据场地条件选用黏土或水泥作为封孔材料，并检查封孔效果。达不到设计要求时，应重新封孔。此外，封孔至地表时应注意与井口保护相衔接。

5.5 洗 井

5.5.1 采用泥浆护壁钻进成孔工艺的监测井，应及时洗井，旨在不使冲洗介质有更多的时间固结在井壁上而影响井的出水能力。

洗井是为了洗去管井施工过程中产生的对含水层的污染物质，这包括附着在井壁上的泥皮、深入到含水层中的泥浆或其他冲洗介质、钻井产生的岩层破坏以及来自天然岩层的细小颗粒，以保证出流的地下水中没有颗粒，并且畅通水路满足采样需求。

5.5.2 本条对洗井方法选择的原则作了规定。执行时，还应参照施工方面的经验。单一的洗井方法效果欠佳时，在条件许可的情况下，应采用多种方法联合洗井。常见的洗井方法主要参照现行行业标准《地下水环境监测技术规范》HJ 164 的相关规定并作适当完善。

5.5.3 根据以往施工经验，并结合上海地区水文地质条件，本条罗列了常用的洗井设备。

5.5.4 本条对洗井质量达标的要求作了规定。

1 管井出水含砂量的大小直接关系井的正常运行和使用寿命。本款根据管井的用途、使用寿命、环境条件等对管井出水的含砂量作了明确规定。在管井设计和施工中，控制井水含砂量在允许范围内是保证管井质量的关键之一。具体可参照现行国家标准《管井技术规范》GB 50296 的相关规定执行。

2 本款参照现行行业标准《地下水环境监测技术规范》HJ 164 和《地块土壤和地下水中挥发性有机物采样技术导则》HJ 1019 的相关规定。

5.6 抽水试验

5.6.1 抽水试验是通过管井抽水确定管井出水能力，检查封填和洗井质量，获取含水层的水文地质参数的野外水文地质试验。长期监测井宜进行抽水试验，根据出水量与降深的关系，确定含水层渗透性并了解相关水文地质条件。

当不具备抽水试验条件时，也可以采用注水试验。上海地区的工程实践表明，钻孔注水试验不仅适用于粉性土与砂土，也适用于黏性土。注水试验为通过钻孔向试验段注水，以确定岩土层渗透系数的原位试验方法。具体可参照现行行业标准《水利水电工程注水试验规程》SL 345 的相关规定执行。

其他监测井可根据项目目的或要求、潜在污染物特性等决定是否进行抽水试验或注水试验。

5.6.2 本条规定应合理选择抽水试验的设备和测试仪器。抽水设备一般采用潜水泵,可根据井(孔)结构、地下水位埋深和钻孔出水量等进行选择,定期进行维护保养;测试仪器主要包括水位、水量、水温和气温等量测仪器,可根据监测目的、精度要求和方便实用等原则进行选择,使用前应进行校准,并定期维护。

5.6.4 稳定流抽水试验是抽水过程中,出水量和动水位同时出现相对稳定,并延续一定时间的抽水试验。

结合浅层地下水的水文地质条件,一般进行单个落程最大降深的稳定流抽水试验,具体观测要求、稳定延续时间等参照现行行业标准《供水水文地质钻探与管井施工操作规程》CJJ /T 13 的相关规定执行。

5.6.8 抽水试验结束后,应再次测量井深。沉渣厚度大于 0.5 m 时,考虑沉渣已淤积至滤水管位置,为避免影响监测水量、管井的正常运转及使用寿命,应及时清除井管内的沉积物。

5.7 地下水样品采集

5.7.1 现行行业标准《建设用地土壤污染风险管控和修复监测技术导则》HJ 25.2 中相关条文提出,采样应在水质参数和水位稳定后进行。为满足此要求,地下水样品采集前应进行采样洗井,保证出水水清砂净。

5.8 二次污染防控

5.8.2 本条提出监测井建设过程中二次污染防控的保障措施。

1 建井时应注意现场环境干扰及使用工具之间的交叉污

染，建井设备与材料应洁净，不致引起新的污染，以免影响监测结果。

2 钻探过程中产生的钻出土壤应先使用容器收集并暂存，若无超标情形，则可以在原场地内就近处置和平整；若存在超标情形，则应集中暂存，与后期项目治理和管控一同处理，或者依据相关规定作进一步鉴别，依据鉴别结果委托有资质的单位进行处理。

3 监测井建设、洗井与维护过程中产生的设备清洗废水和洗井废水，均需使用容器进行收集，若无超标情形，则可以在原场地内就地处置；若存在超标情形，则应执行现行上海市地方标准《污水综合排放标准》DB31/199 等相关规定或委托有资质的单位进行处理。

5.8.3 本条参照现行行业标准《地下水环境监测技术规范》HJ 164 的相关规定，提出建井工具的清洗方法和程序，防止二次污染。

5.9 平面坐标及高程测量

5.9.1 长期监测井建设完成后，应进行平面和高程测量，以利于资料使用、管理和长期维护保养。其他监测井可根据需要进行。

5.9.2 本条对平面坐标测量的精度要求作了规定。

5.9.3 本条对长期监测井高程测量的精度要求作了规定。由于监测井在较长使用期内，可能受到各种因素，如地面沉降、地基变形和周边工程活动等影响引起监测井井口高程的变动，从而影响地下水位监测结果的准确性，故应及时校正复测。

5.9.4 本条对临时监测井高程测量的精度要求作了规定。

5.10 井口保护

5.10.1 为保护监测井或井内的设施设备不受人为破坏，防止地表水及污染物质进入监测井内，应建设监测井井口配套保护措施。本条参照现行行业标准《地下水环境监测技术规范》HJ 164的相关规定，适当完善后提出监测井井口保护措施。

5.10.3 监测井铭牌是用于反映监测井的基本信息，便于监测井的维护和管理。可在铭牌上加制二维码，完善监测井信息，包括监测井编号、平面坐标、井深、建井日期、滤水管位置、井口高程、地下水水位、建井单位及联系电话、管理单位及联系电话等内容，便于使用者、管理者及相关人员对监测井信息的了解。

6　监测井维护保养

6.4　废弃监测井处置

6.4.1　废弃监测井处置主要考虑以下两方面的因素：一是为了防止监测井成为污染物迁移的竖向通道造成二次污染；二是为了避免监测井的管材对后续工程建设带来障碍。本条对废弃监测井的处置要求作了规定。

1　具备拔管条件时，应先采取安全有效措施拔除井管，回填或灌浆处置。处置前应根据监测井（含拔除的井管）的体积，配备足量的封填材料。

2　不具备拔管条件时，直接回填或灌浆处置。处置前应根据监测井（不含拔除的井管）的体积，配备足量的封填材料。

3　本款明确废弃监测井处置过程中孔口部分的处置原则，宜根据场地实际情况进行恢复。考虑滞后效应，1 周后再次检查处置情况，确保孔口夯实压密、修整找平。如发现塌陷，应立即补填，直至符合要求。